Federico Romagnoli

LA CAOTICA CASA DEI NUMERI PRIMI E L'INDIMOSTRABILE IPOTESI DI RIEMANN

Versione completa

Prima edizione: giugno 2022

Revisione: giugno 2023

Revisione: febbraio 2026

———

Copyright © 2022–2026 Federico Romagnoli

Tutti i diritti riservati

ISBN: 9798395787866

DEDICA

Al mio gatto, Lulù.

CONTENUTI

LA CAOTICA CASA DEI NUMERI PRIMI E L'INDIMOSTRABILE IPOTESI DI RIEMANN 1

    Introduzione 1
    1. La distribuzione dei numeri dispari composti 3
    2. La casa dei numeri primi 7
    3. L'ipotesi di Riemann 13
    4. Conclusioni 15

    Allegato 1. Alcune definizioni 17
    Allegato 2. Test di primalità e crivello polinomiale 21
    Nota dell'autore 25
    Bibliografia 27

LA CAOTICA CASA DEI NUMERI PRIMI E L'INDIMOSTRABILE IPOTESI DI RIEMANN

Introduzione

Si è scelto il titolo *"La caotica casa dei numeri primi e l'indimostrabile Ipotesi di Riemann"* poiché l'obiettivo del presente lavoro è di fotografare la struttura nella quale i numeri primi trovano posto (la casa appunto) e di analizzare le risultanze ottenute nel contesto dell'ipotesi di Riemann [1], risultanze che suggeriscono la sua non verificabilità. Inoltre, si vuole porre l'accento sulla distribuzione dei numeri primi, una distribuzione non casuale [2-5], non regolare [6-9], ma caotica e generatrice di ordine.

Sfruttando la complementarietà dell'insieme dei numeri primi con quello dei numeri composti, è possibile fotografare la struttura nella quale trovano posto i numeri primi utilizzando la struttura ordinata dei numeri composti [10-13].

Quest'ultima è infatti descritta da due famiglie di successioni a due indici (x, y) definite in $\mathbb{Z}^2_{x>l;\ y>m} \to \mathbb{N}_{>8}$ e le cui espressioni analitiche cambiano a seconda di come vengano scelti i parametri $l, m \in \mathbb{Z}$.

Tali successioni a due indici sono state individuate in un precedente lavoro [14], qui sintetizzato, partendo dalla semplice tavola pitagorica, escludendo da essa i numeri pari e comparando le diverse successioni aritmetiche poste in corrispondenza di ciascuna riga (o colonna) della matrice a partire dal secondo elemento della successione.

Sono inoltre presenti delle rappresentazioni grafiche che mostrano con chiarezza le regolarità che caratterizzano i numeri dispari composti, nonché i posti da essi lasciati liberi dove trovano "casa" i numeri primi.

È possibile quindi fare luce sulla distribuzione dei numeri primi e, al contempo, avvalorare e contraddire un particolare aspetto della congettura di Riemann, ovvero quello secondo il quale i numeri primi si distribuiscono con regolarità.

Segue la tesi secondo cui l'ipotesi di Riemann sia, nel quadro interpretativo adottato, impossibile da dimostrare o da smentire a causa della natura "falsamente ordinata" dei numeri primi. La loro natura non è infatti né ordinata né casuale, ma caotica e generatrice di ordine, quello vero dei numeri composti, i quali, a causa della loro complementarietà con i numeri primi, fanno sembrare ordinati anche questi ultimi.

Il testo si conclude con due allegati. In particolare, utilizzando la forma algebrica delle due sopra citate famiglie di successioni generatrici di numeri composti, nel primo allegato vengono formalizzate delle definizioni di primalità, di successione di numeri primi e di insieme di numeri primi; nel secondo allegato viene invece suggerito un crivello polinomiale per stabilire la primalità di un numero.

1. La distribuzione dei numeri dispari composti

La distribuzione dei numeri dispari composti viene descritta da due famiglie di polinomi (iperboli) di II grado – caratterizzate da due indeterminate (x, y) con coefficienti e termine noto interi – le cui valutazioni, per fissati valori di $l, m \in \mathbb{Z}$ e per ogni $x \in \mathbb{Z}_{>l}$ (oppure $y \in \mathbb{Z}_{>m}$), generano infinite successioni formate, al variare $y \in \mathbb{Z}_{>m}$ (oppure di $x \in \mathbb{Z}_{>l}$), da infiniti numeri dispari[1] composti.

In altre parole, sono due famiglie di successioni $\{a_{x,y}(l,m)\}$ a due indici (x, y) che, scelti arbitrariamente $l, m \in \mathbb{Z}$ e opportunamente definite in $\mathbb{Z}^2_{x>l;\, y>m} \to \mathbb{N}_{>8}$, generano infinite successioni di infiniti numeri dispari composti. Delle due famiglie di successioni, si riporta qui di seguito il dominio (opportunamente ristretto), l'espressione analitica e il luogo geometrico dei punti per i quali $\{a_{x,y}(l,m)\} = 0$

Prima famiglia
Dominio:
$x \in \mathbb{Z}_{>l};\ y \in \mathbb{Z}_{>m}$ per fissati $l, m \in \mathbb{Z}$
Espressione analitica:
$$\{a_{x,y}(l,m)\} = 4xy + 2(1 - 2m)x + 2(1 - 2l)y + (1 - 2l)(1 - 2m) \quad (1.1)$$
$$\{a_{x,y}(l,m)\} = 0 \Leftrightarrow x = -\frac{1-2l}{2};\ y = -\frac{1-2m}{2}$$

Seconda famiglia
Dominio:
$x \in \mathbb{Z}_{>l};\ y \in \mathbb{Z}_{>m}$ per fissati $l, m \in \mathbb{Z}$
Espressione analitica:
$$\{a_{x,y}(l,m)\} = 4x^2 + 4xy + 2(-4l - 2m)x + 2(1 - 2l)y + (4l^2 + 4lm - 2m - 1) \quad (1.2)$$
$$\{a_{x,y}(l,m)\} = 0 \Leftrightarrow x = -\frac{1-2l}{2};\ y = -x + \frac{2l+2m+1}{2}$$

Le risultanze ottenute sembrano inoltre generalizzare alcuni contributi [10-13] presenti in letteratura sulla distribuzione dei numeri composti. Riguardo infine al test di primalità, si segnala

---

[1] Si è scelto di limitare l'analisi ai soli numeri dispari ma, se si estende il dominio di (1.1) e (1.2) a $\mathbb{Q}$, e nello specifico ai numeri dispari divisi per 2 (ad es. 1/2=0,5; 3/2=1,5 etc.), si possono generare anche numeri composti pari.

anticipatamente una maggiore efficienza della successione (1.2) rispetto alla (1.1) (Allegato 2). È possibile quindi enunciare, sulla base delle osservazioni precedenti, le seguenti due Proposizioni.

PROPOSIZIONE 1.1
Fissati $l, m \in \mathbb{Z}$.
Per ogni $x \in \mathbb{Z}_{>l}$ e $y \in \mathbb{Z}_{>m}$, la successione a due indici in x e y
$\{a_{x,y}(l,m)\} = 4xy + 2(1-2m)x + 2(1-2l)y + (1-2l)(1-2m)$,
con $\{a_{x,y}(l,m): \mathbb{Z}^2_{x>l;\, y>m} \to \mathbb{N}_{>8}$, definisce, per ogni y fissato, una successione aritmetica nella variabile x e, per ogni x fissato, una successione aritmetica nella variabile y. Tutti i termini della successione sono numeri dispari composti.

PROPOSIZIONE 1.2
Fissati $l, m \in \mathbb{Z}$.
Per ogni $x \in \mathbb{Z}_{>l}$ e $y \in \mathbb{Z}_{>m}$, la successione a due indici in x e y
$\{a_{x,y}(l,m)\} = 4x^2 + 4xy + 2(-4l - 2m)x + 2(1-2l)y + (4l^2 + 4lm - 2m - 1)$,
con $\{a_{x,y}(l,m): \mathbb{Z}^2_{x>l;\, y>m} \to \mathbb{N}_{>8}$, definisce, per ogni y fissato, una successione quadratica nella variabile x e, per ogni x fissato, una successione aritmetica nella variabile y. Tutti i termini della successione sono numeri dispari composti.

Ponendo per comodità $l = m$, si mostrano qui di seguito alcune successioni a due indici generate dalla (1.1) e (1.2). Naturalmente, le espressioni analitiche cambiano a seconda di come vengano scelti i parametri $l, m \in \mathbb{Z}$.

Tabella 1.1 – Dominio, alcune successioni a due indici che si possono generare dalla (1.1) posto $l = m$ e valori per cui $a_{x,y}(l,m) = 0$

Dominio	Espressione analitica di $\{a_{x,y}(l,m)\}$, posto $l = m$	$a_{x,y}(l,m) = 0$
...	...	...
$\mathbb{Z}^2_{>-2}$	$\{a_{x,y}(-2,-2)\} = 4xy + 10x + 10y + 25$	$x = -\frac{5}{2};\, y = -\frac{5}{2}$
$\mathbb{Z}^2_{>-1}$ ($\mathbb{N}^2$)	$\{a_{x,y}(-1,-1)\} = 4xy + 6x + 6y + 9$	$x = -\frac{3}{2};\, y = -\frac{3}{2}$
$\mathbb{Z}^2_{>0}$ ($\mathbb{N}^2_{>0}$)	$\{a_{x,y}(0,0)\} = 4xy + 2x + 2y + 1$	$x = -\frac{1}{2};\, y = -\frac{1}{2}$
$\mathbb{Z}^2_{>1}$ ($\mathbb{N}^2_{>1}$)	$\{a_{x,y}(1,1)\} = 4xy - 2x - 2y + 1$	$x = \frac{1}{2};\, y = \frac{1}{2}$
$\mathbb{Z}^2_{>2}$ ($\mathbb{N}^2_{>2}$)	$a_{x,y}\{a_{x,y}(2,2)\} = 4xy - 6x - 6y + 9$	$x = \frac{3}{2};\, y = \frac{3}{2}$
...	...	...

Tabella 1.2 – Dominio, alcune successioni a due indici che si possono generare dalla (1.2) posto $l = m$ e valori per cui $a_{x,y}(l,m) = 0$

Dominio	Espressione analitica di $\{a_{x,y}(l,m)\}$, posto $l = m$	$a_{x,y}(l,m) = 0$
...	...	...
$\mathbb{Z}^2_{>-2}$	$\{a_{x,y}(-2,-2)\} = 4x^2 + 4xy + 24x + 10y + 35$	$x = -\frac{5}{2};$ $y = -x - \frac{7}{2}$
$\mathbb{Z}^2_{>-1}$ ($\mathbb{N}^2$)	$\{a_{x,y}(-1,-1)\} = 4x^2 + 4xy + 12x + 6y + 9$	$x = -\frac{3}{2};$ $y = -x - \frac{3}{2}$
$\mathbb{Z}^2_{>0}$ ($\mathbb{N}^2_{>0}$)	$\{a_{x,y}(0,0)\} = 4x^2 + 4xy + 2y - 1$	$x = -\frac{1}{2};$ $y = -x + \frac{1}{2}$
$\mathbb{Z}^2_{>1}$ ($\mathbb{N}^2_{>1}$)	$\{a_{x,y}(1,1)\} = 4x^2 + 4xy - 12x - 2y + 5$	$x = \frac{1}{2};$ $y = -x + \frac{5}{2}$
$\mathbb{Z}^2_{>2}$ ($\mathbb{N}^2_{>2}$)	$\{a_{x,y}(2,2)\} = 4x^2 + 4xy - 24x - 6y + 27$	$x = \frac{3}{2};$ $y = -x + \frac{9}{2}$
...	...	...

Maggiori dettagli sul metodo utilizzato e sui parametri delle due iperboli (successioni) sono riportati in [14], di cui il presente lavoro costituisce una sintesi e al contempo un approfondimento.

2. La casa dei numeri primi

Scegliendo per comodità $l = m = 0$, le successioni a due indici (1.1) e (1.2) si riducono rispettivamente a:

$$\{a_{x,y}(0,0)\} = 4xy + 2x + 2y + 1, \quad \{a_{x,y}(0,0)\} : \mathbb{N}_{>0}^2 \to \mathbb{N}_{>8} \quad (2.1)$$

$$\{a_{x,y}(0,0)\} = 4x^2 + 4xy + 2y - 1, \quad \{a_{x,y}(0,0)\} : \mathbb{N}_{>0}^2 \to \mathbb{N}_{>8} \quad (2.2)$$

La (2.1) e (2.2) permettono di generare – al variare di x e y in $\mathbb{N}_{>0}$ – le seguenti successioni di numeri dispari composti riportati in tabella 2.1 e tabella 2.2 rispettivamente.

Tabella 2.1 $\{a_{x,y}(0,0)\} = 4xy + 2x + 2y + 1$

x\y	1	2	3	4	5	6	7	8	9	10	...
1	9	15	21	27	33	39	45	51	57	63	...
2	15	25	35	45	55	65	75	85	95	105	...
3	21	35	49	63	77	91	105	119	133	147	...
4	27	45	63	81	99	117	135	153	171	189	...
5	33	55	77	99	121	143	165	187	209	231	...
6	39	65	91	117	143	169	195	221	247	273	...
7	45	75	105	135	165	195	225	255	285	315	...
8	51	85	119	153	187	221	255	289	323	357	...
9	57	95	133	171	209	247	285	323	361	399	...
10	63	105	147	189	231	273	315	357	399	441	...
...	...	...	...	...	...	...	...	...	...	...	...

Tabella 2.2 $\{a_{x,y}(0,0)\} = 4x^2 + 4xy + 2y - 1$

x\y	1	2	3	4	5	6	7	8	9	10	...
1	9	15	21	27	33	39	45	51	57	63	...
2	25	35	45	55	65	75	85	95	105	115	...
3	49	63	77	91	105	119	133	147	161	175	...
4	81	99	117	135	153	171	189	207	225	243	...
5	121	143	165	187	209	231	253	275	297	319	...
6	169	195	221	247	273	299	325	351	377	403	...
7	225	255	285	315	345	375	405	435	465	495	...
8	289	323	357	391	425	459	493	527	561	595	...
9	361	399	437	475	513	551	589	627	665	703	...
10	441	483	525	567	609	651	693	735	777	819	...
...	...	...	...	...	...	...	...	...	...	...	...

Per una maggiore chiarezza visiva della struttura disegnata dai numeri dispari composti, si eguagliano le successioni (2.1) e (2.2) a
$$d_n = 2n + 1, \text{con } n \in \mathbb{N}_{>0}$$
ovvero alla successione di numeri dispari maggiori di 1.

Dopo semplici operazioni algebriche, si ricavano rispettivamente:

$$\{n_{x,y}(0,0)\} = 2xy + x + y, \quad \{n_{x,y}(0,0)\}: \mathbb{N}_{>0}^2 \to \mathbb{N}_{>3} \qquad (2.3)$$

$$\{n_{x,y}(0,0)\} = 2x^2 + 2xy + y - 1, \quad \{n_{x,y}(0,0)\}: \mathbb{N}_{>0}^2 \to \mathbb{N}_{>3} \qquad (2.4)$$

Si è scelto quindi di verificare per quali valori di n si ottengano d_n composti e di rappresentare graficamente detti valori.

Dalla (2.3), al variare di $y = 1,2,3,\ldots,k$ si ottengono le seguenti successioni:

$$\{\{n_{x,y}(0,0)\}_{y=1}\}_{x \in \mathbb{N}_{>0}} = \{2x*1 + x + 1\}_{x \in \mathbb{N}_{>0}} = \{3x + 1\}_{x \in \mathbb{N}_{>0}}$$
$$= \{4,7,10,13,\ldots\}$$
$$\{\{n_{x,y}(0,0)\}_{y=2}\}_{x \in \mathbb{N}_{>0}} = \{2x*2 + x + 2\}_{x \in \mathbb{N}_{>0}} = \{5x + 2\}_{x \in \mathbb{N}_{>0}}$$
$$= \{7,12,17,22,\ldots\}$$
$$\{\{n_{x,y}(0,0)\}_{y=3}\}_{x \in \mathbb{N}_{>0}} = \{2x*3 + x + 3\}_{x \in \mathbb{N}_{>0}} = \{7x + 3\}_{x \in \mathbb{N}_{>0}}$$
$$= \{10,17,24,31,\ldots\}$$
$$\ldots$$
$$\{\{n_{x,y}(0,0)\}_{y=k}\}_{x \in \mathbb{N}_{>0}} = \{2x*k + x + k\}_{x \in \mathbb{N}_{>0}}$$
$$= \{(2k+1)x + k\}_{x \in \mathbb{N}_{>0}} =$$
$$= \{(3k+1), (5k+2), (7k+3), (9k+4), \ldots\}$$

Naturalmente, data la forma algebrica della (2.3), le successioni di numeri dispari composti generate sono esattamente le stesse. Ciò avviene sia quando a variare è prima la y, $\{\{n_{x,y}\}_{y \in \mathbb{N}_{>0}}\}_{x \in \mathbb{N}_{>0}}$, che quando a variare è prima la x, $\{\{n_{x,y}\}_{x \in \mathbb{N}_{>0}}\}_{y \in \mathbb{N}_{>0}}$.

Il grafico 1 mostra la struttura creata dalle prime 10 successioni i cui termini, lo si ricorda, sono i valori di n che identificano d_n composti.

La struttura non è casuale e si basa su delle **regolarità** ben precise, maggiormente visibili se si osservano le successioni di pallini poste in corrispondenza dei singoli valori interi riportati sull'asse delle x, $\{\{n_{x,y}\}_{x \in \mathbb{N}_{>0}}\}_{y \in \mathbb{N}_{>0}}$.

Infatti, le regolarità possono essere osservate sia sulle successioni $\{\{n_{x,y}\}_{y \in \mathbb{N}_{>0}}\}_{x \in \mathbb{N}_{>0}}$ (le rette) che $\{\{n_{x,y}\}_{x \in \mathbb{N}_{>0}}\}_{y \in \mathbb{N}_{>0}}$.

Riguardo alle successioni $\{\{n_{x,y}(0,0)\}_{x \in \mathbb{N}_{>0}}\}_{y \in \mathbb{N}_{>0}} = \{(2x+1)y + x\}_{x \in \mathbb{N}_{>0}}\}_{y \in \mathbb{N}_{>0}}$, ad identificare d_n composti sono quei valori di n che si susseguono ogni $2x+1$ unità di n a partire da n pari a $3x+1$.

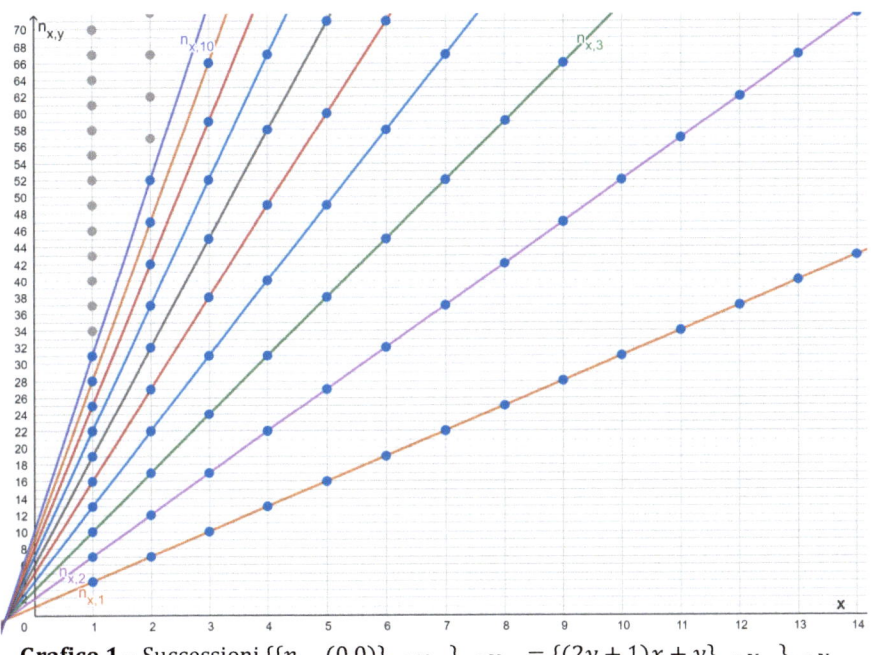

Grafico 1 – Successioni $\{\{n_{x,y}(0,0)\}_{y \in \mathbb{N}_{>0}}\}_{x \in \mathbb{N}_{>0}} = \{(2y+1)x + y\}_{y \in \mathbb{N}_{>0}}\}_{x \in \mathbb{N}_{>0}}$ che generano valori composti di $d_n = 2n+1$

In modo del tutto analogo, riguardo alle successioni $\{\{n_{x,y}(0,0)\}_{y \in \mathbb{N}_{>0}}\}_{x \in \mathbb{N}_{>0}} = \{(2y+1)x + y\}_{y \in \mathbb{N}_{>0}}\}_{x \in \mathbb{N}_{>0}}$ (le rette), i numeri n che identificano d_n composti si susseguono ogni $2y+1$ unità di n, a partire da n pari $3y+1$.

Naturalmente, la legge che descrive queste regolarità è rappresentata dalla (2.3).

Relativamente alla (2.4), le diverse successioni di numeri n che generano d_n composti potrebbero essere messe in mostra da due distinti grafici: uno facendo variare prima $y = 1,2,3,\ldots,k$ e l'altro facendo variare prima $x = 1,2,3,\ldots,k$.

Facendo variare prima $y = 1,2,3,\dots,k$ si ottengono le seguenti successioni:

$$\{\{n_{x,y}(0,0)\}_{y=1}\}_{x \in \mathbb{N}_{>0}} = \{2x^2 + 2x*1 + 1 - 1\}_{x \in \mathbb{N}_{>0}}$$
$$= \{2x^2 + 2x\}_{x \in \mathbb{N}_{>0}} = \{4,12,24,40\dots\}$$
$$\{\{n_{x,y}(0,0)\}_{y=2}\}_{x \in \mathbb{N}_{>0}} = \{2x^2 + 2x*2 + 2 - 1\}_{x \in \mathbb{N}_{>0}}$$
$$= \{2x^2 + 4x + 1\}_{x \in \mathbb{N}_{>0}} = \{7,17,31,49,\dots\}$$
$$\{\{n_{x,y}(0,0)\}_{y=3}\}_{x \in \mathbb{N}_{>0}} = \{2x^2 + 2x*3 + 3 - 1\}_{x \in \mathbb{N}_{>0}}$$
$$= \{2x^2 + 6x + 2\}_{x \in \mathbb{N}_{>0}} = \{10,22,38,58,\dots\}$$
....
$$\{\{n_{x,y}(0,0)\}_{y=k}\}_{x \in \mathbb{N}_{>0}} = \{2x^2 + 2x*k + k - 1\}_{x \in \mathbb{N}_{>0}}$$
$$= \{2x^2 + 2kx + k - 1\}_{x \in \mathbb{N}_{>0}} =$$
$$= \{(3k+1), (5k+7), (7k+17), (9k+31), \dots\}$$

Facendo variare prima $x = 1,2,3,\dots,k$ si ottengono invece le successioni:

$$\{\{n_{x,y}(0,0)\}_{x=1}\}_{y \in \mathbb{N}_{>0}} = \{2*1^2 + 2*1*y + y - 1\}_{y \in \mathbb{N}_{>0}}$$
$$= \{3y + 1\}_{y \in \mathbb{N}_{>0}} = \{4,7,10,13,\dots\}$$
$$\{\{n_{x,y}(0,0)\}_{x=2}\}_{y \in \mathbb{N}_{>0}} = \{2*2^2 + 2*2*y + y - 1\}_{y \in \mathbb{N}_{>0}}$$
$$= \{5y + 7\}_{y \in \mathbb{N}_{>0}} = \{12,17,22,27,\dots\}$$
$$\{\{n_{x,y}(0,0)\}_{x=3}\}_{y \in \mathbb{N}_{>0}} = \{2*3^2 + 2*3*y + y - 1\}_{y \in \mathbb{N}_{>0}}$$
$$= \{7y + 17\}_{y \in \mathbb{N}_{>0}} = \{24,31,38,45,\dots\}$$
....
$$\{\{n_{x,y}(0,0)\}_{x=k}\}_{y \in \mathbb{N}_{>0}} = \{2*k^2 + 2*k*y + y - 1\}_{y \in \mathbb{N}_{>0}}$$
$$= \{(2k+1)y + (2k^2 - 1)\}_{y \in \mathbb{N}_{>0}} =$$
$$= \{(2k^2 + 2k), (2k^2 + 4k + 1), (2k^2 + 6k + 2), (2k^2 + 8k + 3), \dots\}$$

Tuttavia, la struttura nella quale trovano posto i numeri primi è meglio espressa dalle successioni che si generano facendo variare prima $y = 1,2,\dots,k$ (Grafico 2), piuttosto che $x = 1,2,\dots,k$ (Grafico 3, Allegato 2). I rami di parabola che si generano permettono infatti di cogliere in modo immediato dove "vivono i numeri primi" (Grafico 2).

La struttura è anche in questo caso basata su delle **regolarità** ben precise, maggiormente visibili osservando le successioni $\{\{n_{x,y}\}_{x \in \mathbb{N}_{>0}}\}_{y \in \mathbb{N}_{>0}}$, in pratica le successioni di pallini poste in corrispondenza dei valori interi di x riportati sull'asse delle ascisse, piuttosto che $\{\{n_{x,y}\}_{y \in \mathbb{N}_{>0}}\}_{x \in \mathbb{N}_{>0}}$, ovvero le successioni di pallini posizionate su ciascun ramo di parabola.

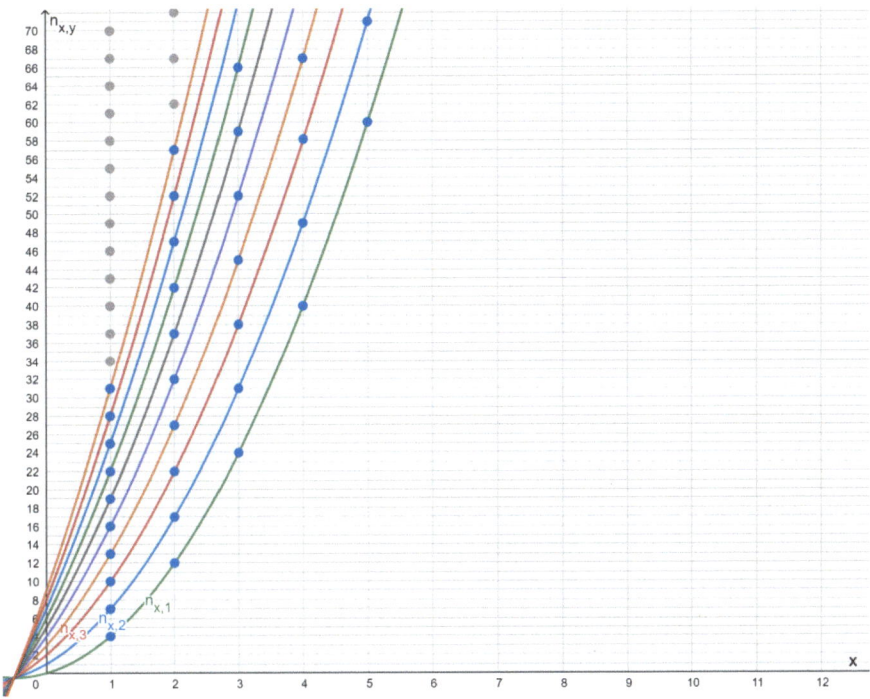

Grafico 2 – Successioni $\{\{n_{x,y}(0,0)\}_{y \in \mathbb{N}_{>0}}\}_{x \in \mathbb{N}_{>0}} = \{2x^2 + (2y)x + (y-1)\}_{y \in \mathbb{N}_{>0}}\}_{x \in \mathbb{N}_{>0}}$
che generano valori composti di $d_n = 2n + 1$

In particolare, riguardo a $\{\{n_{x,y}(0,0)\}_{y \in \mathbb{N}_{>0}}\}_{x \in \mathbb{N}_{>0}} = \{2x^2 + (2y)x + (y-1)\}_{y \in \mathbb{N}_{>0}}\}_{x \in \mathbb{N}_{>0}}$ (i pallini posti su ciascun ramo di parabola), i numeri n che identificano d_n composti iniziano sempre da $3y + 1$, ma si susseguono con una regolarità non più costante come visto in precedenza (+3 unità di n per la prima successione, +5 unità di n per la seconda successione, etc.), bensì seguono una legge ricorsiva secondo la quale ogni intervallo tra due numeri n che identificano d_n composti è pari alla lunghezza dell'intervallo precedente più 4 unità di n.

Riguardo invece alle successioni $\{\{n_{x,y}(0,0)\}_{x \in \mathbb{N}_{>0}}\}_{y \in \mathbb{N}_{>0}} = \{(2x+1)y + (2x^2 - 1)\}_{x \in \mathbb{N}_{>0}}\}_{y \in \mathbb{N}_{>0}}$, ovvero quelle che si evidenziano in corrispondenza dei singoli valori interi di x, ad identificare d_n composti sono quei valori di n che, a partire da n pari a $2x^2 + 2x$, si susseguono ogni $2x + 1$ unità di n.

Ad esempio, quando x è pari a 1, ad identificare d_n composti sono quei valori di n che, a partire da n pari a $2 * 1^2 + 2 * 1$, in pratica 4, si susseguono ogni $2 * 1 + 1$, in pratica 3, unità di n. Quindi 4, 7, 10, etc. che sostituiti in $d_n = 2n + 1$, generano i seguenti numeri dispari composti: 9, 15, 21, etc.

Naturalmente, la legge che descrive queste regolarità è la (2.4).

Infine, osservando il grafico 2 – oltre a desumere la solitudine che caratterizza i numeri primi particolarmente grandi e come questi si allontanino sempre più gli uni dagli altri – si sarebbe tentati di sostenere, se non fosse stato già ampliamente dimostrato il contrario, che i numeri primi non siano infiniti, tanto appare evidente la loro progressiva rarefazione.

3. L'ipotesi di Riemann

Tornando ai risultati ottenuti, si segnalano innanzitutto alcune analogie[2] strutturali che invitano a un confronto con la congettura di Riemann.

La funzione zeta è stata infatti studiata da Riemann nell'ambito di numeri complessi con parte reale maggiore di 1 e si basa sull'assunto che gli zeri non banali si distribuiscano intorno alla retta reale $x = \frac{1}{2}$, la stessa che, nel modello qui considerato, verifica $\{a_{x,y}(l,m)\} = 0$ quando $l = m = 1$, ossia quando x e y sono maggiori di 1, sia nella prima che nella seconda[3] successione a due indici.

Naturalmente, parliamo di oggetti matematici diversi, ma per certi versi complementari: la funzione zeta è costruita in modo tale da coinvolgere esclusivamente numeri primi, mentre la successione a due indici $\{a_{x,y}(l,m)\}$, per valori di $x > l$ e $y > m$, genera esclusivamente numeri non primi[4], ossia numeri dispari composti.

Del resto, a prescindere dalle eventuali coincidenze, in questo testo si è cercato di mostrare, sia analiticamente che graficamente, come si distribuiscano i numeri dispari composti. Una distribuzione caratterizzata da regolarità ben precise.

Poiché quindi i numeri composti si distribuiscono con regolarità e sono complementari ai numeri primi, allora anche i numeri primi si

---

[2] L'analogia qui richiamata non intende stabilire un'identità tra gli zeri della funzione zeta di Riemann e le soluzioni delle equazioni considerate, né avanzare una dimostrazione o una confutazione formale dell'ipotesi di Riemann.
Essa va intesa come un'interpretazione di tipo strutturale, nella quale la regolarità dei numeri primi emerge solo se considerata in relazione alla distribuzione dei numeri composti, così come descritta nel presente lavoro.

[3] In realtà la seconda successione a due indici è verificata, oltre per $x = \frac{1}{2}$, anche per $y = -x + \frac{5}{2}$.

[4] Va precisato che, fissati $l\ m \in \mathbb{Z}$, $\{a_{x,y}(l,m)\}$ individua delle successioni di numeri non primi anche per determinati valori di $x \leq l$ e $y \leq m$, nonché quella successione costituita da tutti i numeri dispari e quindi anche primi.

distribuiscono con regolarità. La congettura di Riemann – intesa, sulla base degli zeri non banali, come distribuzione armonica e non casuale dei numeri primi – risulta quindi vera.

Tuttavia, se si esclude l'insieme dei numeri composti e si analizza separatamente la distribuzione dei numeri primi, allora, venendo meno il supporto dei numeri composti e la loro complementarietà, non potremmo più sostenere che la distribuzione dei numeri primi sia regolare. I numeri primi, infatti, mostrano un andamento la cui unica certezza è solo quella di diventare più "rarefatti" man mano che si considerano cifre più grandi. La congettura di Riemann risulta quindi falsa.

In conclusione, all'interno del modello considerato, **l'ipotesi di Riemann è vera solo se analizzata congiuntamente ai numeri composti, altrimenti risulta falsa.**

Si desume quindi che è impossibile dimostrare che gli zeri non banali della funzione di Riemann si distribuiscano intorno alla retta reale $x = \frac{1}{2}$, poiché la funzione zeta è costruita in modo tale da essere formata da soli numeri primi, senza avere il supporto dei numeri composti.

Allo stesso tempo è impossibile dimostrarne la sua falsità, poiché gli zeri non banali si collocheranno sempre sulla retta $x = \frac{1}{2}$, per via della complementarietà dei numeri primi con i "veri regolari" numeri composti. Conclusioni simili, sia pur con un approccio diverso, emergono da [15].

Si potrebbe chiosare dicendo che l'ipotesi di Riemann è **"falsamente vera"**.

4. Conclusioni

Si vuole infine concludere con delle considerazioni che si rifanno soprattutto all'antica mitologia greca, secondo la quale "*In principio era il Caos*" da cui è scaturito l'ordine (il Cosmo) che tuttavia non ha annullato il Caos ma convive in equilibrio con esso. Un pensiero che trova riscontro anche nella mitologia cinese e indiana o nell'antica cosmologia egiziana [16].

Un pensiero ripreso, tra gli altri, da Friedrich Nietzsche – con la contrapposizione dello spirito apollineo e quello dionisiaco per descrivere la nascita della tragedia greca – e che negli ultimissimi decenni ha ispirato e aperto nuove strade in molti ambiti delle scienze naturali e umane. Si pensi ad esempio:

- al "*principio dell'ordine dal rumore*" di Heinz von Foerster [17], alla "*Complessità dal rumore*" di Henri Atlan [18], al concetto di "*Auto-Organizzazione*" di Ross Ashby [19], secondo il quale alcuni sistemi complessi sono in grado di sviluppare strutture ordinate da situazioni localmente caotiche;
- ai nuovi sviluppi della Termodinamica con "*l'ordine attraverso le fluttuazioni*" di Gregoire Nicolis [20] o "*l'ordine fuori dal caos*" di Ilya Prigogine [21] secondo il quale l'ordine poteva e doveva coesistere con il disordine, essere ad esso complementare;
- ad alcuni aspetti della recente Teoria del caos. Una Teoria che, tra le altre cose, vede la possibile presenza di basi deterministiche anche in quei fenomeni che mostrano un andamento casuale (*caos deterministico*) [22] e che raffigura il caos come un insieme di segnali che si collocano a metà strada tra "*un andamento regolare e prevedibile e uno accidentale ed imprevedibile*" [23].

Le caratteristiche dei numeri primi e dei numeri composti sembrano trovare una buona corrispondenza con molti dei concetti sopra accennati.

Possiamo infatti immaginare il disordine dei numeri primi come la rappresentazione non della casualità, ma del caos, da cui ha origine l'ordine dei numeri composti che, a sua volta, spiega il caos dei numeri primi. In un rapporto di complementarietà, l'ordine dei numeri composti e il caos dei numeri primi convivono in equilibrio nell'insieme dei numeri naturali, quasi in simbiosi mutualistica.

Senza il caos dei numeri primi non può esistere l'ordine dei numeri composti e in generale l'ordine che caratterizza l'aritmetica e forse l'intera matematica, con le sue regole e tutto ciò che la matematica stessa riesce a raffigurare, incluso il caos dei numeri primi che si è voluto qui rappresentare.

Trovare una formula semplice (senza fattoriali, sommatorie, logaritmi, etc.) che possa descrivere tutti i numeri primi sarebbe come trovare la formula dalla quale si è generata la matematica, una contraddizione.

Forse, come sostenevano i pitagorici, tutto ha origine dal numero 1, o meglio l'unità, dalla quale si è forse generato il caos dei numeri primi, dal quale a sua volta è scaturito l'ordine dei numeri composti e di tutta la matematica.

Una sorta di big bang[5], dove l'Aritmetica può essere intesa come la rappresentazione numerica dell'origine ed evoluzione dell'universo.

---

[5] In questa prospettiva, il riferimento a un "big bang aritmetico" va inteso in senso strutturale e non temporale, come metafora dell'emergere simultaneo di caos e ordine all'interno dell'aritmetica.

Allegato 1. Alcune definizioni

Tornando sulla Terra e sfruttando le due successioni a due indici (1.1) e (1.2), è possibile rappresentare formalmente:
- un numero primo dispari;
- una successione di numeri primi dispari;
- un insieme di numeri primi dispari.

Per ulteriori definizioni, si rimanda a [14] da cui il presente lavoro è stato tratto.

DEFINIZIONE 1.1 – Rappresentazione di un insieme di numeri primi dispari

Sia: $n \in \mathbb{N}_{>0}$
Fissati $l, m \in \mathbb{Z}$
Siano: $x \in \mathbb{Z}_{>l}, y \in \mathbb{Z}_{>m}$
Sia: $A = \{z \in \mathbb{N}_{>2} \mid z = 2n + 1\}$
Sia: $B \subset \mathbb{N}_{>8}$ l'insieme dei valori generati, ciascuna indipendentemente, dalle successioni a due indici introdotte nelle Proposizioni 1.1 e 1.2, espresse dalle seguenti formulazioni generali:
- $\{a_{x,y}(l, m)\} = 4xy + 2(1 - 2m)x + 2(1 - 2l)y + (1 - 2l)(1 - 2m)$
- $\{a_{x,y}(l, m)\} = 4x^2 + 4xy + 2(-4l - 2m)x + 2(1 - 2l)y + (4l^2 + 4lm - 2m - 1)$

Allora:
- ✓ l'insieme $A \backslash B = \{z \in A \mid z \notin B\}$ definisce l'insieme degli infiniti numeri primi dispari.

DEFINIZIONE 1.2 – Rappresentazione di un numero primo dispari e di una successione di numeri primi dispari

Sia: $\{d_n\} = 2n + 1$ con $n \in \mathbb{N}_{>0}$ la successione infinita di numeri dispari maggiori di 1

Fissati: $l, m \in \mathbb{Z}$

Siano: $x \in \mathbb{Z}_{>l}$, $y \in \mathbb{Z}_{>m}$

Sia: $\{a_{x,y}(l,m)\} = 4xy + 2(1-2m)x + 2(1-2l)y + (1-2l)(1-2m)$, la successione a due indici introdotta nella Proposizione 3.1, con $\{a_{x,y}(l,m)\} : \mathbb{Z}^2_{x>l;\, y>m} \to \mathbb{N}_{>8}$

Considerato il vincolo: $a_{i,j} \leq d_n$, o in modo equivalente:

- $2xy + (1-2m)x + (1-2l)y + (2lm - l - m) \leq n$;
- $x \leq \dfrac{n + (2l-1)y + (l+m-2lm)}{2y + (1-2m)}$;
- $y \leq \dfrac{n + (2m-1)x + (l+m-2lm)}{2x + (1-2l)}$

Allora:

$$d_n \text{ è primo} \Leftrightarrow \nexists\, (x,y) \in \mathbb{Z}_{>l} \times \mathbb{Z}_{>m} : a_{x,y}(l,m) = d_n$$

oppure, in modo equivalente:

d_n è primo $\Leftrightarrow \nexists\, (x,y) \in \mathbb{Z}_{>l} \times \mathbb{Z}_{>m}$:
$$2xy + (1-2m)x + (1-2l)y + (2lm - l - m) = n$$

Viceversa:

$$d_n \text{ è composto} \Leftrightarrow \exists\, (x,y) \in \mathbb{Z}_{>l} \times \mathbb{Z}_{>m} : a_{x,y}(l,m) = d_n$$

oppure, in modo equivalente:

d_n è composto $\Leftrightarrow \exists\, (x,y) \in \mathbb{Z}_{>l} \times \mathbb{Z}_{>m}$:
$$2xy + (1-2m)x + (1-2l)y + (2lm - l - m) = n$$

Definite:

- La funzione indicatrice $I_P(d_n) = \begin{cases} 0, & \text{se } \exists\, i,j \in \mathbb{N}_{>0} : a_{i,j} = d_n \\ 1, & \text{altrimenti} \end{cases} \forall\, d_n$

- La funzione generatrice elementare $G_E(d_n) = \dfrac{d_n}{I_P(d_n)} = \begin{cases} \text{non definita}, & \text{se } I_P(d_n) = 0 \\ d_n, & \text{se } I_P(d_n) = 1 \end{cases} \forall\, d_n$

Allora:
- ✓ i valori per i quali $G_E(d_n)$ è definita formano la successione dei numeri primi dispari maggiori di 2.

DEFINIZIONE 1.3 – Rappresentazione di un numero primo dispari e di una successione di numeri primi dispari

Sia: $\{d_n\} = 2n + 1$ con $n \in \mathbb{N}_{>0}$ la successione infinita di numeri dispari maggiori di 1.
Fissati: $l, m \in \mathbb{Z}$
Siano: $x \in \mathbb{Z}_{>l}$, $y \in \mathbb{Z}_{>m}$
Sia: $\{a_{x,y}(l,m)\} = 4x^2 + 4xy + 2(-4l - 2m)x + 2(1 - 2l)y + (4l^2 + 4lm - 2m - 1)$, la successione a due indici introdotta nella Proposizione 3.2, con $\{a_{x,y}(l,m)\} : \mathbb{Z}^2_{x>l;\, y>m} \to \mathbb{N}_{>8}$
Considerato il vincolo: $a_{i,j} \leq d_n$, o in modo equivalente:
- $2x^2 + 2xy + (-4l - 2m)x + (1 - 2l)y + (2l^2 + 2lm - m - 1) \leq n$;
- $\frac{2l+m-y-\sqrt{y^2-(2m+2)y+m^2+2m+2+2n}}{2} \leq x \leq \frac{2l+m-y+\sqrt{y^2-(2m+2)y+m^2+2m+2+2n}}{2}$;
- $y \leq \frac{n-2x^2+(4l+2m)x-2l^2-2lm+m+1}{2x+1-2l}$

Allora:
$$d_n \text{ è primo} \Leftrightarrow \nexists\, (x,y) \in \mathbb{Z}_{>l} \times \mathbb{Z}_{>m} : a_{x,y}(l,m) = d_n$$
Oppure, in modo equivalente:
d_n è primo $\Leftrightarrow \nexists\, (x,y) \in \mathbb{Z}_{>l} \times \mathbb{Z}_{>m}$:
$$2x^2 + 2xy + (-4l - 2m)x + (1 - 2l)y + (2l^2 + 2lm - m - 1) = n$$
Viceversa:
$$d_n \text{ è composto} \Leftrightarrow \exists\, (x,y) \in \mathbb{Z}_{>l} \times \mathbb{Z}_{>m} : a_{x,y}(l,m) = d_n$$
oppure, in modo equivalente:
d_n è composto $\Leftrightarrow \exists\, (x,y) \in \mathbb{Z}_{>l} \times \mathbb{Z}_{>m}$:
$$2x^2 + 2xy + (-4l - 2m)x + (1 - 2l)y + (2l^2 + 2lm - m - 1) = n$$
Definite:
- La funzione indicatrice: $I_P(d_n) = \begin{cases} 0, & \text{se } \exists\, i,j \in \mathbb{N}_{>0} : a_{i,j} = d_n \\ 1, & \text{altrimenti} \end{cases}\ \forall\, d_n$
- La funzione generatrice elementare $G_E(d_n) = \frac{d_n}{I_P(d_n)} = \begin{cases} \text{non definita}, & \text{se } I_P(d_n) = 0 \\ d_n, & \text{se } I_P(d_n) = 1 \end{cases}\ \forall\, d_n$

Allora:
- ✓ i valori per i quali $G_E(d_n)$ è definita formano la successione dei numeri primi dispari maggiori di 2.

Allegato 2. Test di primalità e crivello polinomiale

In questo allegato si vuole verificare l'efficienza delle due successioni a due indici (1.1) e (1.2) ai fini della primalità di un numero; in particolare, il numero di controlli da effettuare per verificare che un numero dispari sia anche primo.

Posto $d_n = 2n + 1$, si sfrutta la seguente condizione

$$a_{x,y}(l, m) \leq d_n \qquad (A2.1)$$

riportata nelle definizioni 1.3 e 1.4 dell'Allegato 1, funzionale ad evitare una ricerca infinita qualora d_n sia un numero primo, ma anche a restringere la ricerca qualora d_n sia un numero composto.

Inoltre, dalla condizione (A2.1) emergono ulteriori condizioni ad essa equivalenti nel dominio considerato. In particolare, fissati $l, m \in \mathbb{Z}$, rispetto alle due successioni a due indici abbiamo le seguenti condizioni equivalenti.

Successione (1.1):
$a_{x,y}(l, m) = 4xy + 2(1 - 2m)x + 2(1 - 2l)y + (1 - 2l)(1 - 2m)$

Condizione (A2.1), da cui quelle ad essa equivalenti:

$$2xy + (1 - 2m)x + (1 - 2l)y + (2lm - l - m) \leq n \qquad (A2.2)$$

$$x \leq \frac{n + (2l - 1)y + (l + m - 2lm)}{2y + (1 - 2m)} \qquad (A2.3)$$

$$y \leq \frac{n + (2m - 1)x + (l + m - 2lm)}{2x + (1 - 2l)} \qquad (A2.4)$$

Successione (1.2):
$a_{x,y}(l, m) = 4x^2 + 4xy + 2(-4l - 2m)x + 2(1 - 2l)y + (4l^2 + 4lm - 2m - 1)$

Condizione (A2.1), da cui quelle equivalenti:

$$2x^2 + 2xy + (-4l - 2m)x + (1 - 2l)y + (2l^2 + 2lm - m - 1) \leq n \quad (A2.5)$$

$$\frac{2l + m - y - \sqrt{y^2 - (2m + 2)y + m^2 + 2m + 2 + 2n}}{2} \leq x$$
$$\leq \frac{2l + m - y + \sqrt{y^2 - (2m + 2)y + m^2 + 2m + 2 + 2n}}{2} \quad (A2.6)$$

$$y \leq \frac{n - 2x^2 + (4l + 2m)x - 2l^2 - 2lm + m + 1}{2x + 1 - 2l} \quad (A2.7)$$

Naturalmente, sotto le condizioni poste e fissati $l\ m \in \mathbb{Z}$,
- d_n è primo $\Leftrightarrow \nexists\ a_{x,y}(l, m) = d_n, \forall\ x \in \mathbb{Z}_{>l}, y \in \mathbb{Z}_{>m}, n \in \mathbb{N}_{>0}$

oppure in modo equivalente:
- n identifica un d_n primo $\Leftrightarrow \nexists\ 2xy + (1 - 2m)x + (1 - 2l)y + (2lm - l - m) = n$
- n identifica un d_n primo $\Leftrightarrow \nexists\ 2x^2 + 2xy + (-4l - 2m)x + (1 - 2l)y + (2l^2 + 2lm - m - 1) = n$

Rispetto al metodo canonico, il quale su un generico numero dispari $d_n = 2n + 1$ prevede una quantità di controlli pari al totale dei numeri dispari compresi tra 3 (incluso) e $[\sqrt{d_n}]$, è possibile verificare che l'utilizzo della successione (1.1) porta a risultati meno efficienti.

I risultati sono invece identici al metodo canonico se si utilizza la successione (1.2) ed in particolare quella dove viene fatta variare prima la variabile x, ossia $\{\{n_{x,y}(l, m)\}_{x \in \mathbb{N}_{>0}}\}_{y \in \mathbb{N}_{>0}}$, il cui numero di controlli (successioni da verificare) è descritto dalla (A2.6).

> Ad esempio si vuole verificare il numero di controlli da effettuare ai fini della primalità sul numero $d_n = 123.456.789$. In questo caso, posto sempre per comodità $l = m = 0$, la (A2.6) si riduce[6] a $1 \leq x \leq \frac{-y + \sqrt{y^2 - 2y + 2 + 2n}}{2}$ che, sotto l'ipotesi peggiore $y = 1$, richiede di controllare un numero di successioni pari a $1 \leq x \leq 5.555$. Infatti, $\sqrt{123.456.789} = 11.111,1$ ed escludendo i numeri pari, in pratica facendo diviso 2, si ottiene proprio 5.555.

---

[6] È stato inserito 1 come estremo inferiore dell'intervallo poiché dalla (A2.6) si desumeva un valore negativo.

Del resto, il fatto di poter operare con questi polinomi apre **scenari alternativi** per l'analisi della primalità e per lo studio strutturale di ipotesi e congetture sui numeri primi.

Di seguito, il grafico $\{\{n_{x,y}(0,0)\}_{x \in \mathbb{N}_{>0}}\}_{y \in \mathbb{N}_{>0}} = \{(2x+1)y + (2x^2-1)\}_{x \in \mathbb{N}_{>0}}\}_{y \in \mathbb{N}_{>0}}$ riferito alle prime 5 successioni. Esso è stato precedentemente omesso poiché le regolarità erano meno evidenti, ma risulta fondamentale ai fini della primalità, ovvero rispetto al numero di successioni da sottoporre a verifica.

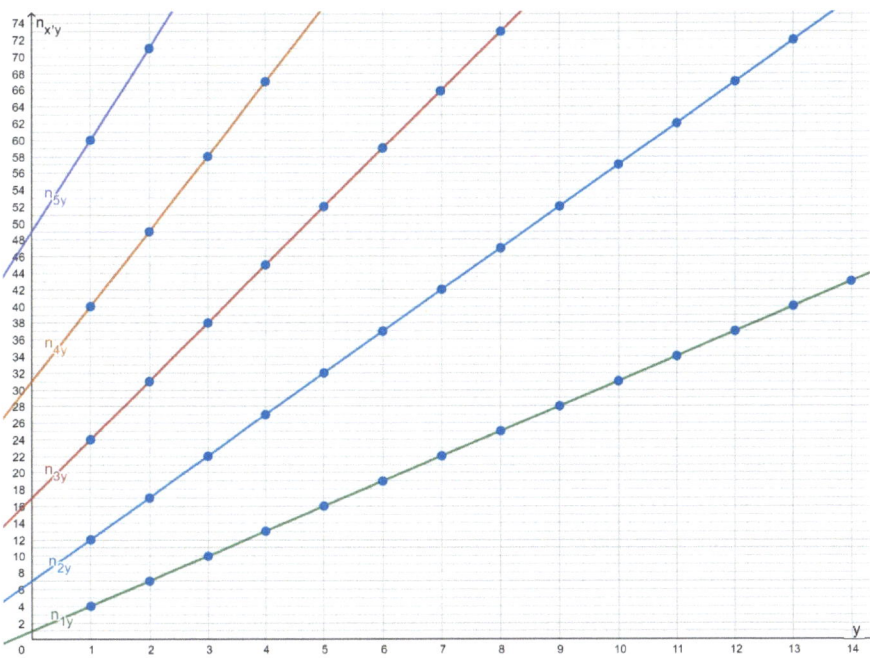

Grafico 3 – Successioni $\{\{n_{x,y}\}_{x \in \mathbb{N}_{>0}}\}_{y \in \mathbb{N}_{>0}} = \{(2x+1)y + (2x^2-1)\}_{x \in \mathbb{N}_{>0}}\}_{y \in \mathbb{N}_{>0}}$ che generano valori composti di $d_n = 2n+1$

Ad esempio, il numero $d_n = 47$ da cui $n = 23$ e $x \leq 2,9$, richiede di effettuare controlli solo sulle prime 2 successioni: $n_{1,y} = 3y + 1$ e $n_{2,y} = 5y + 7$. Naturalmente, non esistono valori interi di $y > 0$ tali da verificare le uguaglianze $3y + 1 = 23$ oppure $5y + 7 = 23$ e quindi 47 è un numero primo.

Posto $n = 23$, si riportano inoltre i grafici relativi alle condizioni A2.2, A2.3, A2.4, nonché A2.5, A2.6, A2.7, fissando $l = m = 0$ e quindi sotto le condizioni $x, y \in \mathbb{Z}_{>0}$ (Grafico 4).

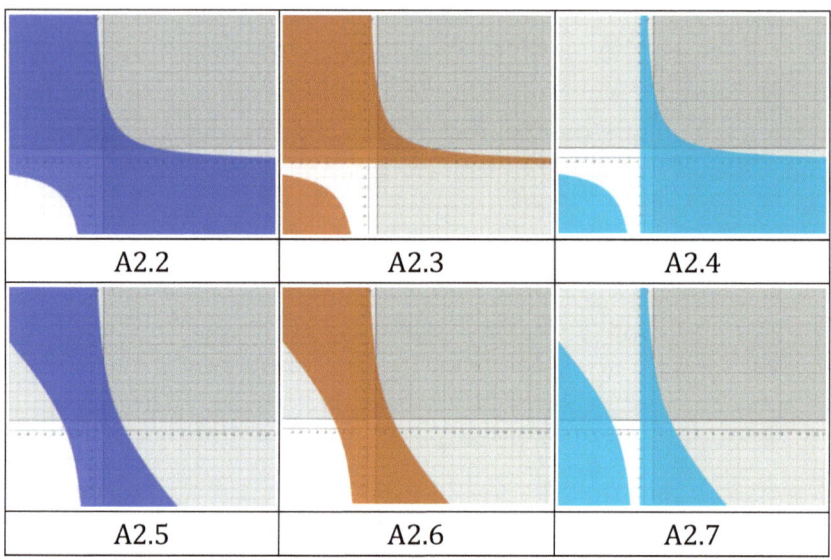

Grafico 4 – Condizioni A2.2-A2.7, posto $n = 23$ e fissato $l = m = 0$

Infine, data una successione $d_n = 2n + 1$, con $n \in \mathbb{N}_{>0}$, di numeri dispari maggiori di 1, escludendo prima quei valori di n individuati dalla successione $\{n_{1,y}\}_{y \in \mathbb{N}_{>0}}$ ossia 4, 7, 10,..., poi quelli individuati della successione $\{n_{2,y}\}_{y \in \mathbb{N}_{>0}}$ ossia 12, 17, 22, ..., poi quelli della successione $\{n_{3,y}\}_{y \in \mathbb{N}_{>0}}$ etc., quello che resta è l'infinita successione di numeri primi dispari.

Si tratta di una sorta di crivello di Eratostene, ma formulato in termini polinomiali e comparabile, in termini di numero di controlli, al metodo canonico.

Nota dell'autore

La presente lettura dell'ipotesi di Riemann non ha carattere dimostrativo, ma strutturale e interpretativo.

Essa nasce dall'osservazione che la distribuzione dei numeri primi non può essere interpretata in modo significativo se considerata isolatamente, ma solo in relazione con i suoi complementari, i numeri composti.

Nel modello proposto, i numeri primi non sono né casuali né regolari nel senso classico del termine. La loro distribuzione è caotica, ma non priva di struttura: l'ordine emerge indirettamente attraverso la distribuzione regolare dei numeri composti, che rende visibile una configurazione globale altrimenti non osservabile.

In questo contesto, il caos che caratterizza la distribuzione dei numeri primi non è inteso come mera assenza di ordine, ma come una dimensione strutturale che coesiste con l'ordine dei numeri composti, in un equilibrio dinamico nel quale l'uno rende intelligibile l'altro, senza che abbia senso ricercare una priorità temporale tra i due.

Il presente lavoro adotta consapevolmente una prospettiva non convenzionale, che non mira a dimostrare né a confutare formalmente l'ipotesi di Riemann, ma a mettere in discussione il modo in cui la regolarità dei numeri primi viene abitualmente interpretata.

L'obiettivo non è dunque quello di fornire una dimostrazione nel senso rigoroso del termine, ma di proporre una cornice concettuale alternativa, capace di suggerire nuove direzioni di lettura e di riflessione sull'ipotesi di Riemann.

La presente opera è parte di un percorso di ricerca sviluppato nel tempo e articolato in più versioni e formati. La versione più aggiornata e completa del lavoro, comprensiva di eventuali revisioni successive, è archiviata su Zenodo come contributo di ricerca ed è identificata dal seguente DOI, che rimanda sempre all'ultima versione disponibile: 10.5281/zenodo.17922770.

Bibliografia

[1] J. Derbyshire, *Prime Obsession: Bernhard Riemann and the Greatest Unsolved Problem in Mathematics*, Joseph Henry Press, (2003).

[2] E. Gracian, *I numeri primi. Un lungo cammino verso l'infinito*, RBA Italia S.r.l., (2018).

[3] P. Marteinson, *Observations on the Regularity of Prime Number Distribution*, ASSA-No14 p.80-85 Ver. 2.2, (8 June 2005).

[4] M.L. Stein, S.M. Ulam, and M.B. Wells, *A visual display of some properties of the distribution of primes*, American Mathematical Monthly 71(May):516-520, (1964).

[5] Wikipedia: *Formulas for primes*, https://en.wikipedia.org/wiki/Formula_for_primes

[6] M. Berezowski, *Chaotic distribution of prime numbers and digits of π*, SSRN Electronic Journal, (2019).

[7] A. Bershardskii, *Hidden Periodicity and Chaos in the Sequence of Prime Numbers*, Advances in Mathematical Physics, Article ID 519178, 8 pages, (2011).

[8] E. Bogomolny, *Riemann zeta function and quantum chaos*, Progress of Theoretical Physics, 166, pp. 19–44, (2007).

[9] T. Timberlake and J. Tucker, *Is there quantum chaos in the prime numbers?* Bulletin of the American Physical Society, vol. 52, p. 35, (2007).

[10] H. Iwaniec, *Almost-primes represented by quadratic polynomials*. Invent. Math., 47(2):171–188, (1978).

[11] M. Wolf, F. Wolf. *Representation theorem of composite odd numbers indices*. SCIREA Journal of Mathematics, Journal of Mathematics 3(3), pp.106-117. hal-01832624, (2018).

[12] M. Wolf, F. Wolf, F.X. Villemin. *On the distribution of composite odd numbers.* Fundamental Research and Development International, 10 (2), pp.39-55. hal-01865904, (2018).

[13] R.G. Lanzara, *The Odd Composite Numbers Part I – Preprint ·* (September 2020) https://www.researchgate.net/publication/344014371

[14] F. Romagnoli, *Appunti sui numeri primi: Regolarità sui numeri composti, rappresentazioni formali e Ipotesi di Riemann*. ISBN-13: 979-8396244276 (2022).

[15] Craig A. Feinstein, *The Riemann Hypothesis is Unprovable*, arXiv:math/0309367 (v4 Nov. 2011).

[16] G. Villani, *Caos e ordine*, Scienza in Rete, (2011) https://www.scienzainrete.it/articolo/caos-e-ordine/giovanni-villani/2011-03-28

[17] H. Von Foerster, *On self-organizing systems and their environments*, pp. 31–50 in Self-organizing systems. M.C. Yovits and S. Cameron (eds.), Pergamon Press, London, (1960).

[18] H. Atlan, *Entre le cristal et la fumée: Essai sur l'organisation du vivant*, Seuil (1979).

[19] W.R. Ashby, *Principles of the self-organizing system*, pp. 255–278 in Principles of Self-Organization. Heinz von Foerster and George W. Zopf, Jr. (eds.) U.S. Office of Naval Research, (1962).

[20] G. Nicolis, and I. Prigogine, *Self-organization in non equilibrium systems: From dissipative structures to order through fluctuations*, Wiley, (1977).

[21] I. Prigogine, and I. Stengers, *Order out of chaos: Man's new dialogue with nature*, Bantam Books. (1984).

[22] A. Vulpiani, *Caos deterministico*, Enciclopedia della Scienza e della Tecnica, Treccani, (2007).

[23] M.C. Catone, *La teoria del caos nelle scienze sociali,* Tesi di Dottorato, Firenze, (2010-2012).

INFORMAZIONI SULL'AUTORE

Laureato in Scienze Statistiche ed Economiche con indirizzo finanziario. Insegnante di matematica e consulente statistico-informatico. Abruzzese, classe '76.

Quella di Riemann? Un'ipotesi "falsamente vera" ☺.

www.ingramcontent.com/pod-product-compliance
Lightning Source LLC
Chambersburg PA
CBHW040341220526
45473CB00009B/2759